ヴァンダナ・シヴァの
# いのちの種を抱きしめて

with 辻 信一

ナヴダーニャの多様な種子

ヴァンダナ・シヴァ（Vandana Shiva）

　環境活動家、科学哲学博士。有機農業や種子の保存を提唱し、森林や水、遺伝子組み換え技術などに関する環境問題、社会問題の研究と実践活動に携わる国際的指導者。
　1952 年、インド北部のウッタル・プラデーシュ州（現ウッタラ－カンド州）デラドゥン市に生まれる。1978 年、カナダのウェスタン・オンタリオ大学で物理学および科学哲学博士号を取得。1982 年までバンガロール・インド経営管理大学で研究に従事。石灰岩鉱山の環境調査をきっかけにデラドゥンに戻り、研究と連動した社会運動の拠点として同年「科学・技術・自然資源政策研究財団（現科学・技術・エコロジー研究財団）」を設立。この財団は草の根レベルの環境運動を支援する研究者のネットワークで、森林・林業、水資源開発、農業、生物多様性の保全など、自然資源の利用にかかわる諸問題に取り組んできた。最先端の科学技術に警鐘を鳴らし、経済のグローバル化による負の効果を告発するため、書籍やパンフレットを発行している。
　さらにヴァンダナは、有機農法の研究と実践、普及活動のためのネットワークとして、NPO「ナヴダーニャ（9つの種）」を立ちあげた。デラドゥンにあるナヴダーニャ農場では、630 品種にも及ぶ米や多品種の麦、雑穀、野菜、ハーブなどを栽培し、種子を採種・保存する他、個々の地域に合った伝統的な種子に関する知識を集約、それらをすべて農民たちに提供している。種子の一部は、首都デリーのオーガニックショップでも販売されている。
　ヴァンダナはイギリスのシューマッハー・カレッジをはじめ、世界各地で講義や講演を行ってきた。また自ら、ナヴダーニャ農場内に「ビジャ・ビディヤピース（種の学校）」を設立、生物多様性、持続可能性、ガンディー思想など多岐にわたる講義やワークショップには世界中から新しい生き方や社会のあり方を模索する若者が集っている。
　1993 年、もう一つのノーベル賞と呼ばれる「ライト・ライブリーフッド賞」、国連環境計画の「グローバル 500 賞」「アースデイ国際賞」「福岡アジア文化大賞」などを受賞。これまでに 300 を超える専門的論文を発表し、多数の本を著者・共著者として出版。それぞれ多くの言語に翻訳されている。邦訳された主要著書は以下の通り。

**著書**
『生きる歓び—イデオロギーとしての近代科学批判』熊崎実訳・築地書館 1994 ／『緑の革命とその暴力』浜谷喜美子訳・日本経済評論社 1997 ／『生物多様性の危機—精神のモノカルチャー』高橋由紀＋戸田清訳・三一書房 1997 →改訳版・明石書店 2003 ／『バイオパイラシー—グローバル化による生命と文化の略奪』松本丈二訳・緑風出版 2002 ／『ウォーター・ウォーズ—水の私有化、汚染そして利益をめぐって』神尾賢二訳・緑風出版 2003 ／『生物多様性の保護か、生命の収奪か—グローバリズムと知的財産権』奥田暁子訳・明石書店 2005 ／『食糧テロリズム—多国籍企業はいかにして第三世界を飢えさせているか』竹内誠也＋金井塚務訳・明石書店 2006 ／『アース・デモクラシー—地球と生命の多様性に根ざした民主主義』山本規雄訳・明石書店 2007 ／『食とたねの未来をつむぐ—わたしたちのマニフェスト』編著、小形恵訳・大月書店 2010

SCENE I　ニューデリー　ガンディー「塩の行進」像前。サティシュ・クマールとの会話

　英植民地政府による塩の専売に抵抗する「塩の行進」を見事に表現しているわね。「塩を作るのはあなた方ではない、私たちだ」とガンディーは言ったの。「塩という自然の贈り物なしに私たちは生きられない。だから塩を作り続ける」と。

　私たちの「種のサティヤグラハ」運動は、まさにこの地で始まった。このガンディーは正義・持続可能性・平和という人類普遍の法を高々と掲げ、暴力的で不当な法律をきっぱりと拒絶している。素敵なのは、ほら、キリスト教徒の像があること。そして、女性もイスラム教徒もいる。

　なんて美しいんでしょう。ここにはインドの多様性が表現されている。

　みんな一緒に自由のために行進している。素晴らしいでしょ。ナヴダーニャ運動の精神はここからやって来たの。

　*サティシュ：ガンディーにとっては、塩と糸車が独立のシンボルだった。ヴァンダナ、あなたにとっては、種こそが自立のシンボルだね。*

そう、種は糸車のように生活の糧であり、サティヤグラハ、つまり自由の源。それが私たちの25年間の活動の原動力。

> サティシュ：ガンディーは自ら糸車を回すことで、被差別民や下層労働者に尊厳を与えたね。同様に、あなたはナヴダーニャ農場や「種の学校」を通じて小さな農民たちに尊厳を与えてきた。

　そして、働くことの尊厳！　サティシュ、あなたがいつも言う通り、頭と心と手が一体であることが大事。尊厳を奪われた哀れな「手」は用無しにされている。
　何よりも手を取り戻すことね。その手で土を耕し、種を守る。そして触れ合い、抱き合うのよ。

## ガンディーの「サティヤグラハ」運動と「塩の行進」

　第一次大戦が起こるとイギリスは植民地下にあったインドに対し、戦後の自治とひきかえに兵力と物資の協力を求めた。インドはそれに応じて多くの兵を動員し、物資を供給してイギリスに協力した。しかし、戦後1919年に制定されたインド統治法では、州自治の一部が与えられただけで、約束は反故にされた。その上、同時に制定されたローラット法は、令状なしの逮捕、裁判抜きの政治犯の投獄など、民族運動弾圧の法律であったため、イギリスへの抗議行動がインド全土に広まった。

　この時、「非暴力・不服従」を掲げ、イギリスからの独立を求める運動を指導したのがマハトマ・ガンディー（Mohandas Karamchand Gandhi 1869年～1948年）である。マハトマとは「偉大なる魂」の意であり、アジア人として初めてノーベル文学賞を受賞した詩人、タゴールによって名づけられたと言われている。

　ガンディーは、「非暴力・不服従」による抵抗を「サティヤグラハ（Satyagraha）」運動と名づけた。その運動は2度に渡って行われた（第1次1919年～1922年、第2次1930年～1934年）。「サティヤグラハ」とはサンスクリット語のサティヤ（Satya）《真理・真実》とアーグラハ（Agraha）《把握・堅持》を組み合わせた造語で、「真理を把握し堅持すること」を意味する。非暴力、不殺生を意味するヒンドゥー教や仏教の「アヒンサー」につながる、ガンディー哲学のキーワードだ。

　「サティヤグラハ」運動を象徴する出来事が、1930年の「塩の行進」である。「塩の行進」とは、当時、イギリス植民地政府が定めた「製塩禁止法」による塩の専売に反対し、ガンディーの自宅のあったグジャラート州アフマダーバードから同州南部ダンディー海岸までの約380kmもの道を、塩をつくりながら行進した抗議行動。ガンディーと78名の弟子たちが歩く沿道には人々が群がり、一行は数千人の規模に膨らんだ。この行進は3月12日から4月6日までの24日間続き、ガンディーを含む6万人以上が逮捕投獄された。この抗議行動はインド全土での製塩運動だけでなく、イギリス製品のボイコット運動など、イギリスへの「非暴力・不服従」がさらに広がるきっかけとなり、インド独立運動の重要な転機となった。

　ガンディーは不可触賤民の地位向上運動に従事するなど、階層や地域、宗教、人種、性別を越えた全インドの融和を呼びかけた。この思想はイン

ドを独立へと導いたばかりか、世界各地の植民地解放運動、人権運動、平和運動の展開にも多大な影響を与えてきた。

✤ 参考・関連情報／文献
- 世界史の窓　ハイパー世界史用語集／インドでの民族運動の展開　ガンディー
  http://www.y-history.net/appendix/wh1503-086.html
- 『真の独立への道―ヒンド・スワラージ』M.K. ガーンディー著、田中敏雄訳（岩波文庫 2001）

## サティシュ・クマールと"手"の大切さ

　本 DVD に登場するサティシュ・クマール（Satish Kumar）は、ヴァンダナ・シヴァの盟友であり、ホリスティック思想の学びの場として有名なシューマッハー・カレッジ（イギリス・デヴォン州）の創設者、そして、これまで 40 年以上にわたってエコロジー＆スピリチュアル雑誌「リサージェンス」の編集主幹を務めるなど、現代を代表するエコロジー思想家だ。本 DVD を第 4 作とするシリーズ『アジアの叡智』の総合アドバイザーでもある。

　その第 1 作『サティシュ・クマールの今、ここにある未来 with 辻信一』の中で、サティシュは手の大切さについて次のように話していた。

　そこで、「手」のことを思い出しましょう。この手は、美しいものをつくるために、神が与えてくださったのです。食べ物、家、美しい家具や服、陶器をつくる。手とは奇蹟です。手は、ふつうの粘土を美しい陶器に変え、ただの木材と藁をこんな素晴らしい家に変える。人間の想像力と創造性は、手を使うことによってのみ発揮されます。機械が人間の手を不要にするような未来は、幸せでも持続可能でもありません。いまでは、この手の使い道と言えば、コンピューターや携帯のキーを押すことくらい。他に何か？　トイレの蓋を上げることもしないのに？　私たちの手はもはや「用なし」です。

✤ 引用・関連文献／情報
- ナマケモノ DVD ブック①『サティシュ・クマールの今、ここにある未来』（ゆっくり堂 2010）
- ナマケモノ倶楽部スロームーブメント　「サティシュ・クマールの今、ここにある未来」
  http://www.slowmovement.jp/satish.html
- ゆっくりウェブ／サティシュ・クマール　http://yukkuri-web.com/satishkumar
- Resurgence Satish Kumar（英語）　http://www.resurgence.org/satish-kumar/

SCENE 2　ニューデリー　ナヴダーニャのオーガニックカフェ前インタビュー1

　私の母は忠実なガンディー主義者で、毎朝、起きるとまず糸車を回したものです。私が6歳の頃、ナイロンの服が大流行した、石油合成繊維の始まりです。母が「誕生日に何がほしい？」と聞くので、友だちが着ているようなコートがほしいと答えた。そこで母からガンディー経済学の最初のレッスンを受けることになったの。
　母はこう答えた。
　「ナイロンのコートを買ってあげてもいい、でも覚えておくのよ。コート代は結局、大金持ちの高級車に化けるの。もし、あなたがガンディーの教え通り、いつもの手紡ぎ手織りのカディを着続けたなら、どこかの貧しい母親と子どもたちのご飯になる。さあ、あとはあなた自身が決めなさい」
　あの母の教え以来、私は手紡ぎ手織りのものだけを着てきた。もう工業製品は身につけられないの。私たちは現代の糸車を探さなくてはならない。大企業による独裁が進む今、種子こそが自由を象徴する糸車なのです。ガンディーの「サティヤグラハ」とは、真実のための闘い、不正や偽りへの不服従という責務。
　例えば、私たちは1998年の政府の販売禁止令を無視してナタネ

油を売り続けている。ナタネ油はおいしく健康的で、農民たちのよい収入源なのだから。

　スワラージ　　　：自由と自治
　スワデシ　　　　：自給と地産地消
　サティヤグラハ：不正に NO という責任

　これらガンディー思想の3つの原理が、私たちのナヴダーニャ運動を形作ってきた。

　ビージ・スワラージ：種の自由
　アンナ・スワラージ：食の自由
　ブー・スワラージ　：大地の自由
　ジャル・スワラージ：水の自由

　スワデシ：自分で採種し、作物を育てること。産業に依存せず、地元の市場を核とする経済。サティヤグラハ：権力の脅しや暴力に屈せず、「私は従わない」と言うこと。

### ガンディーの「糸車」とヴァンダナの「種」

　1919年4月13日、インド北部パンジャーブ地方のアムリットサルで、イギリスの植民地政府に対する抗議集会に集まった約1万人の群衆にイギリス軍が発砲、約400人が死亡、1000人以上が負傷するという虐殺事件が発生した。インドの独立運動が一気に押しつぶされそうな危機的状況の中、ガンディーは新たな抵抗の手段として、「スワデシ（国産品愛用）」と「イギリス製品不買」運動を起こした。

もともとインドは綿製品の生産地でイギリスにも輸出していたが、産業革命で綿製品が大量生産されると、インド綿はイギリス市場から駆逐された。そればかりか、インドはイギリスの綿製品の巨大市場と化していた。それだけにガンディーが主導する不買運動は、イギリス経済にとって大きな打撃となった。

　また、ガンディーは、すでに過去のものとなりつつあった手動の糸紡ぎ道具チャルカの使用を推奨、国産木綿による手織り綿布カディーを普及させるキャンペーンを展開。自ら率先して、西洋の衣類を拒否し、質素なインド服を身にまとって素足で糸車を回す姿は、インド独立運動のシンボルとなった。それは単なる民族主義を超えて、植民地支配の背後にある近代文明の物質主義そのものへの批判として、世界中に大きな影響を与えることになる。

　グローバル大企業による支配からの脱却を目指すヴァンダナの運動は、ガンディーの思想と実践を現代に受け継ぐものと言える。ヴァンダナ自身は著書『アース・デモクラシー』で、およそ次のように述べている。

　スワデシ、スワラージ、サティヤグラハと言ったガンディーの考え方は、私たちがいのち中心の経済といのち中心の民主主義を築いていく上で大いに参考になる。ガンディーの遺産の中に私たちは希望や自由を見出す。その哲学は、私たちの行動に生命を与えてくれる。種子が未来永劫にわたって自らを発芽させ、進化させ、再生させる力を備えているのとまったく同じように、ガンディーの遺産は、私たちが生きている時代と状況にふさわしい、自由のための行動と戦略を、やはり発芽させ、進化させ、再生させる力を備えている。

　DVDの冒頭でサティシュ・クマールが言う通り、ヴァンダナの運動のシンボルとなった「種子」は、ガンディーの「糸車」の現代版だ。ヴァンダナにとって種は、グローバル大企業から自治（スワラージ）と地産地消（スワデシ）を取り戻す「サティヤグラハ」運動の象徴なのである。

✤ 参考・関連情報／文献
・世界史の窓　ハイパー世界史用語集／インドでの民族運動の展開　ガンディー
　http://www.y-history.net/appendix/wh1503-086.html
・『ガンジー・自立の思想―自分の手で紡ぐ未来』M.K. ガンジー著、田畑健編、片山佳代子訳
　（地湧社 1999）

**SCENE 3　ニューデリーからデラドゥンに向かう列車内でのインタビュー**

辻：デラドゥンはあなたにとってどんな場所ですか？

　デラドゥン（＊）は生まれ故郷。学校に通い、後に新しい人生を始めた場所。子どもの頃のデラドゥンは小さな町だった。自転車で学校に通ったわ。道路の真ん中を走ると、数少ない車は道を譲ってくれた。今ではインドの他の町と同じように急膨張している。

　独立直後の政策は「村落共和国」というガンディーの理想を強く意識し、人々が村に留まることを奨励していた。農業や手工芸を支援する政策のおかげで、人々は村を出ることなく暮らしを立てることができた。でもグローバル化の波が到来し、以前の法律や政策を押し流してしまう。村からの止めどない人口流出が始まった。村から放り出された人々は、巨大化する都市のスラムへ呑みこまれていったわ。

　本来、生産するのは大地や田舎の側、消費するのが都市だった。それがいつの間にか、あべこべになってしまった。今では生産する側が消費者にさせられ、まるで都市に寄生しているかに見える。元々、暮らしの場には歓びが満ちているはず。そこから逃げ出して、

外に満足を求めるなんて変よ。

　デラドゥンに戻ると決めたのは、あえて厳しい条件の下で自分の生い立ちに正直な生き方をしたかったから。生まれ育った牛小屋のある家で、研究、執筆、講演などで収入を得ながら、規模は小さくても、できるだけの役割を果たす。そして毎朝、こう自問するの。「私が今日するべきことは何？」

＊デラドゥン
　チベット自治区とネパールに隣接するインド北部の州、ウッタラーカンド州の州都。

### ガンディーの地域主義とローカリゼーション

　ガンディーはインド独立国家の成立に向けた憲法案の中で、人口70万人ぐらいの村落共和国を、主権をもたない国際機関のような組織の下に連携することを構想、徹底した「主権在民」原理の実現を目指していた。帝国主義支配からの独立と同時に、国家の解体や地域への権力の分散へと向かうというこのビジョンは、非現実的な理想主義として退けられてしまう。

　こうしたローカリゼーションの思想が、ヴァンダナに代表される現代の脱グローバル化運動に引き継がれている、と言えるだろう。

　そもそもグローバル化という言葉は、地球を意味するグローブ（globe）から派生している。そこには、もともと、地球を一つの共同体とみなして、人々が国家や地域の境界を越えて、互いの違いを尊重しながら、同じ人類としてつながり、平和な世界を実現するという理想を表していたはずだ。ヴァンダナの言葉を借りて言えば、「人類としての普遍性、共感と連帯の文化、大地の市民として共有するアイデンティティ」を意味するはずの言葉なのだ。

　しかし、ヴァンダナが言うように、今や世界は国家による帝国主義支配

から、国家を超える力をもつ大企業が支配する新自由主義的グローバリゼーションの時代へと変貌を遂げた。現代のグローバリゼーションとは、多国籍企業が国境を越え、様々な障壁を取り除き、一つの市場と見なされた地球にくまなく、均一化した商品やサービスを供給する経済活動の自由を意味する。しかし、この一種の「独裁」の結果は惨憺たるものだ。気候変動、生物多様性の破壊、地域コミュニティの喪失、民主主義の形骸化…。

　これに対してヴァンダナは、ローカリゼーションにこそ世界の未来があると考える。そこにこそ、いのちを中心とする持続可能な経済がなり立ちうる。ローカルであることは、世界から孤立することを意味しない。ローカルに根を張ることは、同時に全体として世界につながっていることを実感することであり、ローカルな日常の中での変化が、積み重なり、横へとつながりあって、グローバル規模の変化を生み出していくのだ。

✤ 参考文献
・『ガンジーの危険な平和憲法案』C.ダグラス・ラミス著（集英社新書 2009）

SCENE 4　デラドゥン　ナヴダーニャ農場案内 I

　収穫前は 630 種類の米がここに育っていたのよ。

　辻：何種類だって？

　630 品種。1987 年にここを始めた時は普通の農場だったけど、その後、どんどん品種を増やしていった。多様性が高いほど生産性も高いことを証明したの。そんなことはありえないと専門家たちは言う。
　ビジャは種子という意味。彼女は種の守り人です。見て！　品種一つひとつを扱う時のこの愛と思いやり。大量生産は均質性を要求する。でも、私たちにとって大切なのは多様性と地域性。

　辻：効率性よりも多様性ですね。

　そう、その通り。

## 「ナヴダーニャ」農場

ヴァンダナが創設したネットワーク、「ナヴダーニャ（9つの種）」(Navdanya) が運営するナヴダーニャ農場は、有機農法や自然農法を実践しながら、持続可能な農のあり方を世界に広める拠点としての役割を果たしてきた。牛小屋、風選場、ゲストハウス、ライブラリー、研究施設などが、約20ヘクタールの土地に美しく配置されている。またヴァンダナはサティシュ・クマールとイギリスのシューマッハー・カレッジの協力のもと、農場内に「ビジャ・ビディヤピース（種の学校）」を設立した。生物多様性、持続可能性、ガンディー思想など、多岐にわたるテーマで行われる講義やワークショップには多くの受講生が世界各地から集まり、ホリスティック思想の知的拠点となっている。

農場では630品種の米をはじめ、200品種の麦、60品種の雑穀、豆、野菜、香辛料など、在来種子による栽培を行う他、1500品種以上の種を農場内のシード（種子）バンクに保存することによって、地域の農民の生活を支え、また地域生態系の生物多様性を支えようとしている。単一栽培（モノカルチャー）を旨とする現代の主流農業とは対照的に、ナヴダーニャでは多種の農作物を混合栽培することで、多様性が実は非効率な農業ではないことを実証する実験場ともなっている。

またナヴダーニャは、化学肥料や農薬の大量投入を前提とする農業、「緑の革命」と呼ばれた近代的な農法、多国籍企業主導型の大規模栽培、さらに遺伝子組み換え技術による工業化された農業モデルなどに対抗するための国際的な運動の拠点でもある。

こうしたナヴダーニャ農場の運動には、20万にも及ぶ小農家が参画している。彼らは、WTO（世界貿易機関）や世界銀行が押しつける農業モデルを拒否し、地域環境や生活文化、食の安全や生物多様性を守る、持続可能な農業を選びとっている。

✤ 参考・関連情報
・Navdanya（英語）　http://www.navdanya.org/
・Schumacher College（英語）　http://www.schumachercollege.org.uk/

**SCENE 5　ナヴダーニャ農場インタビュー I**

どのように環境活動家になったか？

*辻：ここで過ごした昔のことを思い出してください。*

　ここドゥン渓谷は私の故郷です。この山々の森の中で私は育ちました。農場と森の間を往き来して、よく山道を歩いたものです。だから、豊かな森が消えていくのがよく分かりました。それまで当たり前と思っていたものが消えていく。私は疑問をもち始めました。
　ちょうどその頃、森に住む女性たちが声を上げ始めた。「私たちが木を抱きしめる」と。「チプコ」、つまり木に抱きついて、木を伐らせないというのです。
　そこでも私はガンディーの非暴力思想を学びました。「最高の抵抗は深い愛情から生まれる」。木を愛するから木を抱きしめる。伐採業者と闘うのではない。ただ木を抱きしめるのです。それ以来、私は愛するものすべてを抱きしめることにした。それが私の抵抗です。だから私は、種を抱きしめるの。
　女性たちが教えてくれました。「森は木の製造工場ではなく、水

の源である」。インド政府が森を水源として認めたのは、チプコ運動から10年後のことでした。洪水や干ばつや地滑りを防ぐため、森を守らなくてはならないと。

　チプコの女性たちはこうも言いました。「山は単なる岩ではなく、水だ」。その通りだったの。空洞をもつ石灰岩は水の貯水池。採掘されてしまうと水は失われる。女たちは知っていたのです。

　彼女たちをエコロジーの専門家と私は仰ぐようになりました。エコロジーとは本来、自分の家についての暮らしの科学だから。真の専門家は暮らしの中から生まれるのです。こうして鉱山を中止に追い込み、この谷一帯は保護区となった。すべての公害産業は閉鎖されました。

　行動するのはいつも女性だということに私は気づきました。大地を、水を守るために、行動するのは女たちなのです。田舎に残って、生活を一手に引き受けた女性だからこそ、命を世話する術を理解していた。森が、川が、土地が、種が消え、暮らしが脅かされる時、危機を察知するのは女性たちです。「鉱山のカナリア」のように警鐘を鳴らす。こうして私の中でエコロジーとフェミニズムが一つになったのです。エコロジーとは、私にとって、ものごとの繋がりを学ぶことなのです。

> エコロジーとフェミニズムはひとつ
> Ecology and feminism are one.

## チプコ運動とエコフェミニズム

### チプコ運動と森の女たち

「チプコ運動（Chipko Movement）」とは、森を暮らしの場とする女性たちによって始められた森林保護運動のことである。チプコとはヒンディー語で「抱擁」を意味する。発端は1973年、ガルワールのゴーペシュワールというヒマラヤ地区の小さな村の森に、木材会社が木々の伐採のため入ってきたときのこと。村の女性たちが先頭に立って木に抱きつき、犠牲者を出しながらも、最後まで非暴力をつらぬき、伐採を阻止した。

その後、同様の抗議行動が、ガルワールの各地に広まっていった。商業用木材の切り出しなどで森の様子が変わっていき、ヒマラヤ山麓で洪水による被害が頻発していたことがその背景にあったと言われている。インド北部の山岳地帯の森林は、住民たちにとっては生存の基盤。特に女性たちは、この基盤を守ることなしに自分たちの生存はあり得ないことを、自然と密着した日々の暮らしの中で身をもって感じていた。その村の女性たちが、自らの生存とコミュニティの存続のために、自らのいのちをかけて起ち上がったのである。

森の女性たちの闘いは、インド全土の森林生態系への関心を呼び起こし、草の根からの環境保護運動となって広がっていった。そして1980年、当時の首相インディラ・ガンディーはヒマラヤ地域での森林伐採を15年間禁止し、村人たちに森林資源の利用権を与える決定を下す。

チプコ運動はやがて世界中でも知られるようになった。小さなローカル運動が、グローバルな変化を起こしたのだ。また、チプコ運動は女性史の中でも特筆すべき事件だったとも言える。DVDの中でヴァンダナが説明

しているように、自然と深く関わりながら生活を営む女性たちは、家族の生活維持のために、水汲み、薪集め、農作業などの労働を通じて、自然環境とのエコロジカルな結びつきを自覚し、それをスピリチュアルな精神文化へと高めている場合が多い。彼女たちにとって、自然を支配するという発想や、自然を搾取するといった行為は、自分たちの生存を脅かすばかりか、神聖なものへの冒涜に他ならない。そもそも、インド文明の伝統では、森林は森の女神アランヤニとして、生命と豊穣の第一の源として崇められてきた。

　ヴァンダナは度々、チプコ運動こそが自分の思想と実践の原点であると語ってきた。女性と自然生態系との間にある深遠な結びつきを自分の世界観の中心に据えて、「エコフェミニズム」という言葉で表現するようになった。

✤ 参考文献／情報
- 『生きる歓び─イデオロギーとしての近代科学批判』ヴァンダナ・シヴァ著、熊崎実訳（築地書館 1994）
- 「地域環境における抑圧と抵抗をめぐって─インドの環境運動、チプコの論理─」
  http://www.cias.kyoto-u.ac.jp/files/img/publish/alpub/jcas_ren/REN_03/REN_03_008.pdf

### エコフェミニズム

　「エコフェミニズム（ecofeminism）」とは、文字通り、エコロジーとフェミニズムを結びつけようとする概念だ。その基になっているのは、自然破壊と女性の抑圧には関連があるという認識であり、環境運動と女性解放運動とは切っても切れない関係にある、という考え方である。

　この言葉は 1974 年、フランス人フェミニストのフランソワーズ・デュボンヌの著書で初めて使用されたと言われている。1960 年代から 70 年代にかけて、先進諸国でフェミニズム運動が同時多発的に起き、女性差別への異議申し立ての声がさまざまな領域に影響を与え始めた。また、1962 年にレイチェル・カーソンによって出版された『沈黙の春』は、環境破壊を訴える世界的なベストセラーとなり、その後、エコロジー運動のバイブ

ルとして読み継がれるようになる。この二つの流れが、エコフェミニズムで合流することになったわけだ。

　世界中で環境問題が頻発し、環境保全の動きが高まる中で、特に運動やそれを支えるエコロジー思想における女性の役割に関心が寄せられるようになった。ヴァンダナはチプコ運動から学んだことを深め、『エコフェミニズム』(1993年、マリア・マイルズとの共著、未訳)という本にまとめている。

　ヴァンダナによれば、人間が自然を支配してきた構造と、男性が女性を支配してきた構造は同根であり、この支配構造を解消することによって、環境問題や社会問題の解決が可能になると言う。現代の企業グローバリゼーションはかつての植民地支配の継続であり、これまで女性を抑圧してきた男性優位の思想や家父長主義の継続である。その特徴は相変わらず、暴力、貪欲、搾取だ。女性から生産性や創造性を奪いとってきたのと同様に、大地や生命を単なる資源として徹底的に搾りとろうとしている。

　ヴァンダナは言う。「女性こそ生命持続経済における第一の生産者であり、食糧、水、健康、社会保障の供給者である。女性の人格のすべてが認められたとき、人間が分かち合い、配慮し、愛し保護する人間性を取り戻せるだろう」

　女性性や母性とは、単に女性だけでなく、人類普遍のテーマなのだ。男性であるガンディーも、自分のうちなる女性性が育つようにと祈っていたと、DVDの中でヴァンダナは語っている。

✴ 関連文献
・『世界を織りなおす―エコフェミニズムの開花』アイリーン・ダイアモンド、
　グロリア・フェマン・オレンスタイン著、奥田暁子、近藤和子訳（學藝書林 1994)

SCENE 6　ナヴダーニャ農場「種の学校」での講義

　なぜ人間のことを考えるだけではいけないのか？　それは人間も生命の織物の一部だからです。生命の織物の一部だから、私たちの健康は、織物が健康かどうかにかかっている。

　これがアース・デモクラシー、地球民主主義です。生命の織物の中で相互に依存し合って生きること、それがアース・デモクラシー。自分の健康も幸せも、みんな他者に依存している。

　サティシュが『君あり、故に我あり』（＊）という本で語ったのも、その「おかげさま」の思想でした。私たちの幸せは、木の幸せにかかっている。私たちの健康は、空気の健康にかかっている。

　だからこの「種の学校」は農場の中にあるんです。ここだからこそ多くの学びがある。

　今日は皆さん、ぜひ農場を散歩してくださいね。お米を干す最後の日です。赤ん坊のおむつを替えるように、愛を込めて。袋を開けて、種を陽に当て、夜には、また大切にしまう。こうした心を込めた作業は、小規模だからこそ可能なのです。

　グローバル市場に思いやりの余地はない。多品種を扱うこともできない。大規模農業とは繋がりを断ち切ること。そして、暴力が非

暴力にとって代わるのです。

....................................................................

＊『君あり、故に我あり—依存の宣言』
サティシュ・クマール著、尾関修、尾関沢人訳（講談社学術文庫 2005）
「この本は心の旅である」ではじまる美しい本は、サティシュの思想とその背景を知るための入門書であり、決定版である。この本の冒頭に、ヴァンダナから寄せられたこんなメッセージが置かれている。
「グローバリゼーションによる経済的排除や、テロリズムと原理主義による文化的排除が、我々の社会の構造そのもの、すなわち他者を敵と見なし恐怖や憎悪を産み出す、「我ら」対「彼ら」の文化に基づいた我々の集団的存在を破壊しつつある今、サティシュ・クマールは、私たちに「ソーハム（彼は我なり）」、すなわち「君あり、故に我あり」という贈り物を与えてくれた。サティシュの心の旅とインスピレーションは、私たちを暴力から非暴力へ、貪欲から思いやりへ、尊大さから謙虚さへと動かすための、万人にとってのインスピレーションとなる必要がある。—ヴァンダナ・シヴァ」

....................................................................

## SCENE 7　ナヴダーニャ農場案内 II

　これがマンドゥア、フィンガーミレット（*）。魔法の食物と呼ばれる、米や麦の 40 倍の栄養をもつキビ。これはお米。

　辻：これが？　これが米だ。こうヒゲが生えててね、鳥に喰われないようになってるわけ。

　稲の高さ、葉の長さ。
　これがさっきのフィンガーミレット。穂が指のようでしょ。
　これは稲、黒米。

----

＊ミレット
　ミレット（millet）とは、キビ、アワ、ヒエなどの雑穀粒のこと。主にキビ（イネ科の一年草）を指す。フィンガーミレットはシコクビエとも呼ばれ、主に東アフリカやインドで栽培されている。日本ではわずかに栽培されている程度。インドやネパールではロティというパンにして食べられている。

## 種の保存とシードバンク

　言うまでもなく、種は私たちの食糧をつくりだす。今を生きる人々のいのちを支えているだけでなく、未来の人々のいのちの基盤でもある。ヴァンダナの思想と実践の大もとにあるのもこの種子のことだ。彼女が言う通り、自然や先人たちから受け継がれてきたこの贈りものを次の世代へつなげていくことは、人間としての義務であり責任である。種はまた、個々の地域の風土に合った多様性の土台であり、農民による種の分かち合いは食糧の確保だけでなく、多様な文化や伝統を育むことをも意味した。

　現在、環境汚染、地球温暖化、気候変動などによって、地球上に存在する生命の多様性は危機に瀕している。現在の生物種の絶滅のペースが続けば、今世紀末までに全生物種の3分の2が絶滅するとの予測もあるほどだ。

　農業もまた、多様性の破壊に大きな役割を果たしてきた。8万種と言われる食用植物のうち、現在栽培されているのはほんの150種、国際的に取引されているのはわずか8種と言われている。FAO（国連農業食糧機関）は20世紀だけで、農作物の遺伝的多様性の75％が失われたと推定する。その原因は、紛争、気候変動、農業の近代化、グローバル化、開発、天災など複合的だが、近年特に重大な脅威となってきたのが、大規模な単一品種栽培を目指す高度に工業化・商業化・グローバル化された農業である。またバイオテクノロジー革命によってF1（雑種一代）種やGM（遺伝子組み換え）種子がつくりだされ、種の多様性を急速に脅かしている。

　DVDでヴァンダナが語るように、グローバル企業はGM技術を梃子にして、生物の特許権を獲得、知的所有権による種子の独占支配をすすめている。これをヴァンダナは、生物の多様性を破壊し、「種の自由」を奪い、人間の生存基盤そのものを支配する「バイオパイラシー（生命略奪）」として批判し、自らこれに反対する国際運動の先頭に立っている。

　その一方で、世界中の農民たちとともに、種子をグローバル企業による支配から守る「種子のサティヤグラハ」運動を展開、ナヴダーニャ農場に設置したシードバンク（種子銀行）は、地域と協同したコミュニティ・シードバンクとして新しい種子保存の世界的なモデルとなった。

現在ナヴダーニャは、インド国内の17州に111のコミュニティ・シードバンクのネットワークを設立している。シードバンクは世界各地で政府によって、あるいはコミュニティによってつくられている。また、オーストラリアに拠点をもつシードセイバーズ・ネットワークをはじめ、種子の保存から交換までを草の根で進める運動が国境を越えて展開されている。
　日本でも固定種や日本各地の伝統野菜の種を保存、普及する活動が展開されているので、注目してほしい。

↓ 引用・参考文献／情報
・『食とたねの未来をつむぐ―わたしたちのマニフェスト』ヴァンダナ・シヴァ編著、小形恵訳（大月書店 2010）
・Navdanya（英語）　http://www.navdanya.org/

↓ 関連情報
・NPO 日本有機農業研究会　http://www.joaa.net/
・映画『よみがえりのレシピ』(2011)　http://y-recipe.net/
・野口のタネ／野口種苗研究所　http://noguchiseed.com/
・有限会社浜名農園　http://ameblo.jp/hafuu-kougousei/

**SCENE 8　ナヴダーニャ農場案内Ⅲ**

種子とは何か？　遺伝子組み換え（GMO）とは何か？

　種子はサンスクリット語やヒンディー語で「ビジャ」。生命の源という意味です。小さな一粒の種の中に、生命のすべての可能性が詰まっている。あなたが蒔いた穀物の種が、千粒の種を与えてくれる。その千粒の半分を食べ、一部を保存し、交換し…、暮らしはそうやって続いていく。だから種子の不足など本来ありえません。健全な種が十分あれば、食糧不足もない。

　かつて化学兵器を生産していた大企業は、化学肥料や農薬をもたらし、90年代半ばには種子という、新しい商売を思いついた。知的所有権によって、種子を所有するというトリックです。そのために考案されたのが、遺伝子組み換え（GMO）技術。自分たちが新しい種を創造したふりをするためです。本来なら、米の種は米に、人の種は人に、麦の種は麦になる。

　GMO（遺伝子組み換え作物）とは何か？　ある生物に他生物の遺伝子を入れるという、自然界にはありえない技術です。

　その問題は何か？　第一は、誰もがただで自家採種していた種の

特許を大企業が握り、その種を売って金儲けすること。インドのコットンの場合、GMOになって、種の値段は80倍になった。インドのコットンの95％は、今や遺伝子組み換えなんです。

　自分が特許を持つ商品を売りたいという会社なら、当然、その商品で市場を独占したいと思う。そもそもそれが特許の目的なのだから。独占が進み、栽培のコストとリスクが増大。農家は負債を抱え込むことになった。その結果、綿花の大生産地帯コットンベルトで27万人の農民が自殺に追い込まれました。

　第二の問題は、種子に、抗生物質耐性の遺伝子が組み込まれていることです。例えばそのGMO遺伝子が入った食物を食べる。その遺伝子が体内のバクテリアと交雑すると、その人には病気を治すための抗生物質が効かないことになる。遺伝子操作は洗練された技術だと言われるけど実はとても野蛮な技術です。入れた遺伝子がどこへ行くかも、どうなるかも分からないのだから。

　抗生物質耐性遺伝子と併せて、3つもの毒性遺伝子を組み込む。その毒の影響は誰にも分かりません。最新の研究によって、動物にガンや、すい臓障害や免疫障害が起こることも分かっています。なぜ私たちは毒性遺伝子を持つ食べ物を食べなくてはならないの？食物に毒は無用です。産業界は安全性に疑問のあるGMOを性急に世界へと拡めようとしています。だからこそ規制を、科学を、民主主義を、自由を敵視しているのです。

　そこで私たちは、種の自由を守るために、シード・フリーダム運動を立ち上げました。種の自由とは、生物が世代を超えて、生き続けるということです。それは農民が種を保存し、蒔く自由でもあります。私たちが何を食べているかを知り、GMOを拒む自由です。既にアメリカでは95％のトウモロコシと大豆が遺伝子組み換えです。トウモロコシ、アブラナ、大豆、コットンがGMOの四大作物。

そして企業は今、米を GMO にしようとしています。

　シード・フリーダム運動とは、私たちが5つの巨大企業の奴隷にならないための抵抗です。今やその5つの会社は、世界で売買される種子の 75％を所有している。100％を所有の夢が叶った時、すべての食べ物は遺伝子組み換えとなるでしょう。選択肢はないのです。地域特有の食の多様性は消え、農民は種を奪われます。これは独裁です。

> 種の自由なしに、人間の自由はない
> No seed freedom, no freedom for us.

## 「遺伝子組み換え」をめぐる諸問題

　「遺伝子組み換え」（英語では名詞として GMO—genetically modified organism、あるいは形容詞として GM と記す）をめぐって、これを推進する大企業と、反対する勢力との間で激しい論争が繰り広げられている。ヴァンダナは科学者として、また活動家として、世界的な抵抗運動の先頭に立ち続け、多くの著書で徹底した GMO 批判を展開してきた。

　ここではヴァンダナの DVD での発言を補足するために、GM 作物が生まれた歴史的な背景やその危険性について、順を追って見ていきたい。

### ●「緑の革命」

　「緑の革命（green revolution）」とは、第二次世界大戦後から 1960 年代にかけて、高収量品種の導入や化学肥料の使用によって米や小麦など穀物の収穫量増大をはかる農業改革のことだ。途上国の人口増加に伴う食糧危機の克服という目的が掲げられていた。確かに、この農業モデルで単位面積当りの収量を画期的に向上させた例が多く、主にアジアの途上国において急激に広がった。高収量品種の開発に携わったノーマン・ボーローグが、多くの命を救った人物として 1970 年にノーベル

平和賞を受賞したほどだ。
　その一方で、緑の革命の真の目的は別にあったとする批判もつきまとう。第二次大戦中に弾薬や兵器の開発に関わった化学系大企業の平和時ビジネスへの転換にあったという説、強いコミュニティの結びつきをもつ自給型の農村を資本主義的な秩序に組み込もうとする政治的、経済的な思惑があったという説などもある。そうした批判の一翼をヴァンダナも担ってきた。

### 緑の革命がもたらした問題

　緑の革命の初期の熱狂の後に様々な問題が浮上した。まずその多収量型の農業モデルが、大量の水、化学肥料、農薬、大型機械、石油エネルギーを必要とすることだ。またそれは土壌汚染や灌漑設備建設による環境破壊、水利権の奪い合い、砂漠化を引き起こしてきた。$CO_2$などの温室効果ガスと気候変動との関係が明らかになると、緑の革命以降の近代的農業のあり方そのものが、温暖化の主要な原因の一つであることもわかった。
　さらに緑の革命に60年代以降のバイオ技術の急速な発達が合流、高収量品種としてのF1品種が世界の種市場と農業を席巻することになる。「F1（雑種第一代）」とは、異なる品種をかけ合わせて、一代目の時だけに現れる雑種強勢という性質を利用した品種改良技術。作物の生育はよくなり、さらにメンデルの遺伝の法則によって形が揃い、同時期に一斉に収穫できるので、大量生産、大量消費には向いている。しかしF1の作物は文字通り一代限りで、二代目以降は自家採種して蒔いても、親と同じ作物はできず、姿形が不揃いな異品種ばかりができてしまう。だから、F1品種の作物を作る農家は、毎年、業者から種子を購入することになる。
　こうして、F1種、化学肥料、農薬、機械化は近代農業に必須の条件となり、それらを供給する企業と農民の間に、経済的な支配関係をつくり出すことにもなった。皮肉にも、作物収量の増大はその価格の低下をもたらし、世界の大部分を占める小規模農業を衰退させたのだ。さらに、ヴァンダナが著作や講演で繰り返し語ってきたように、農地を工場化する単一品種の大規模栽培（モノカルチャー）は、在来種の消失、生物多様性の喪失、伝統農法の衰退などをもたらした。

### 「遺伝子組み換え作物（GMO）」の登場

　1970年代に遺伝子組み換え技術が発明され、バイオテクノロジーの発

展に拍車をかけた。遺伝子組み換えとは、ある生物の遺伝子（DNA）の一部を切断し、そこにある目的をもった別の生物の遺伝子を導入し、つなぎ換えて新しい生物の遺伝子をつくる技術（GM）と言われている。実際には遺伝子が組み換えられているわけではなく、ある生物の遺伝子にまったく異なる生物の遺伝子を入れる遺伝子操作である。例えば、北極ヒラメの遺伝子をトマトに導入し、凍りにくい性質をトマトにもたせるようにする。自然界では起こりえない人為的な方法で、新たな形質をもつ品種に改良されるわけだ。地球に生命が誕生して以来、これまでまったく異なる種の間で自然に交配が起きた例はない。遺伝子組み換えとは、「生物間の壁を破る」技術なのである。

1984年にGMタバコが開発され、1994年に「日もちのよいトマト」が商品化された。そして、1996年、モンサント社によって「除草剤耐性」や「害虫抵抗性」をもつGM作物が商品化され、その後一気に、世界各地に広まった。

現在主に栽培されているGM作物は、トウモロコシ、大豆、ナタネ、コットンの4大作物で、他にもジャガイモ、パパイヤ、アルファルファ、テンサイなどがある。小麦や米については未承認のため栽培が禁止されているが、2013年5月、オレゴン州で遺伝子組み換え小麦が見つかり騒ぎになった他、2005年4月に国際環境NGO「グリーンピース」が、中国湖北省で2年間に渡り遺伝子組み換え稲が違法状態のまま栽培され、流通していた事実を発表した。日本でも8つの作物280品種以上が認可されており、飼料や加工食品の原料として大量に輸入されている。

世界の遺伝子組み換え作物の栽培は、アメリカ、アルゼンチン、ブラジルの3カ国で大半を占め、28カ国で作付けされている。作付け面積は、全世界の農地の10%強と言われ、2013年現在、全世界の大豆作付け面積の79%、トウモロコシの32%、コットンの70%、ナタネの24%がGM作物だと発表されている。これらの遺伝子組み換え作物に関するデータは、すべて国際アグリバイオ事業団調査（ISAAA）によって公表されている。しかし、ISAAAは遺伝子組み換え企業によって設立された機関であることから、公表されるデータが誇張されるなど、作付け面積の拡大や収穫量の増大に関して信憑性を疑う声もある。

**遺伝子組み換え作物の種類とその影響**

現在栽培されている主な遺伝子組み換え作物は次の2種類である。

① 「除草剤耐性(抵抗力)」をもつ GM 作物

　ある特定の除草剤に影響を受けない植物の遺伝子が導入された作物。モンサント社は自社の除草剤「ラウンドアップ」とそれに耐性をもつ作物「ラウンドアップ・レディー」を育種し、セットで商品化している。

　「ラウンドアップ」は強い除草剤のため、この作物以外の雑草を根こそぎ枯らし、農業の省力化・コストダウンを売りものにしたが、むしろ、除草剤散布の手間と使用量の増大、それに伴うコスト高の悪循環へと農民を陥れた。また、除草剤の散布は生物多様性を減少させるなど生態系に悪影響を与えただけでなく、除草剤の効かない耐性雑草「スーパー雑草」を誕生させた。この「スーパー雑草」は予想以上の早さで広がっており、新たな交雑によって種類を増やしている。アメリカの農場の 17％に除草耐性雑草が広がっているという深刻な情報もある。

② 「殺虫性」をもつ GM 作物

　バチルス・チューリンゲンシス（Bt 菌）という土壌菌から殺虫毒素をつくる遺伝子を取り出し、それを作物に導入することで、作物自ら殺虫成分をつくりだすようにしたもの。インドでコットンの 95％を占めると DVD でヴァンダナが言っている Bt コットンや Bt トウモロコシが主に栽培されている。

　Bt 作物も、当初は作物を食べた（害）虫を殺すことができるが、虫もすぐに Bt 毒素耐性を身につけ、耐性虫がひろがり駆除できなくなる。また、特定の（害）虫だけでなく、その虫を捕食する（益）虫まで駆除してしまうとの報告もある。そもそも Bt 毒素は殺虫剤としても使用されているため、その遺伝子を含んだトウモロコシなどの Bt 作物を食べることは、Bt 毒素を含んだ殺虫剤を一緒に食べることでもあり、アレルギーなど免疫機能への悪影響が不安視されている。

　この他、遺伝子組み換え作物は、遺伝子の導入が成功したことを確認するための目印として、抗生物質に耐性をもつ遺伝子が使用される。「抗生物質耐性遺伝子」を含んだ作物を摂取することで、体内に抗生物質の効かない「抗生物質耐性菌」がつくりだされる可能性も指摘されている。

「ターミネーター技術（自殺する種子）」について

　現在は国際的な批判によって商業使用が見送られているターミネーター技術についても触れておく。ターミネーター技術とは、作物に実った二世代目の種に毒を生じさせて、自殺を促す遺伝子操作を言う。種子に自

らを死滅させるための毒性タンパク質をつくる遺伝子が導入されるのだ。ターミネーター技術をさらに進化させたトレーター技術もある。発芽や実りなどにかかわる遺伝子を人工的にブロックし、特定の抗生物質や農薬などのブロック解除剤を散布しない限り、それらの遺伝子が働かないようにするのである。

　これらは、種子企業が農民に種をつくらせない、自家採取させないための技術である。これが認められれば、農家は食物の栽培を企業に完全に依存することになり、企業の種子独占が公然と認められることになる。ターミネーター技術は非人道的であると非難され、種子企業からもこの技術を使用しないことが宣言されながら、各国の政府はこれを禁止せず、企業は特許権を取得し続けている。政府が使用を禁止しなければやがて商業化される恐れがあるが、ここに政府が公益性より特定企業の利益を優先する問題の本質が垣間見える。

### 環境への脅威としてのGMO

　GMOとは「遺伝子組み換え生物」のことで、農作物だけでなく、人為的に遺伝子操作された動物や植物、昆虫などの生き物全般を言う。GM植物やGM動物、GM魚などの開発は、人口増大とともに今後さらに深刻化する食糧不足を解決するための「第2の緑の革命」として、それらに携わる大企業からプロパガンダが繰り広げられている。しかし現実には、遺伝子組み換えが飢餓を救うような兆しは一向に見えない。それどころか、小規模農家を苦しめ、環境を汚染し、生物多様性を損なう「緑の革命」と同じ失敗の道を歩んでいる。

　ヴァンダナが指摘するように、遺伝子組み換えは様々な深刻な問題を抱えている。すでに述べたように、除草剤耐性雑草や、Bt毒素耐性を獲得した害虫の発生など、作物や生態系への被害がさらに大きくなる事態はすでに各地で報告されている。新しい生命体を大量に自然界に送り込むことが長期的にどのような生態系の混乱をもたらすのかその危険性は計り知れないが、その影響を予測することも、結果を制御することもできない。ひとたび環境中に放出されれば封じ込めることも除去することもできず、何世代にもわたって他の生物に転移し続ける。これが、遺伝子組み換えの根本的な欠陥であり、GMこそ自然環境への史上最大の脅威だと考える研究者は少なくない。

　グローバル大企業の利害が各国の政府の意向をも左右している現状で

は、種子の独占による大企業の支配が強まることで、民主主義が骨抜きにされる危険も高まる一方だ。食の安全性への懸念からの批判は、長くGM企業によって封じ込められてきたが、すでに実証的な研究によって身体への悪影響を指摘する声も高まりつつある。

## 「遺伝子組み換え食品」の安全性

各国で行われてきた遺伝子組み換え食品に関する世論調査では、消費者からの懸念や否定的な意見が多い。日本でも、農林水産省が2007年に行った意識調査によると、全国の男女約12,000人からの回答のほぼ7割がGM作物に不安を感じ、「健康への不安」や「環境（生態系）への不安」を挙げている。推進派がどんなにGM作物の有用性や安全性を訴えても、消費者の不安は拭いきれるものではない。一つの理由として、GM食品の安全性を示すデータが存在していないのだ。厚生労働省のHPには遺伝子組み換え食品に関する安全性評価が掲載されているが、長期に摂取した際の安全性については触れられていない。

GM食品の安全性に関して一般公開されたドキュメンタリー映画に『モンサントの不自然な食べもの』、『世界が食べられなくなる日』などがある。『世界が食べられなくなる日』が描いたのは、フランス、カーン大学のジル＝エリック・セラリーニ率いる研究チームによるラットを用いた長期の動物実験。政府やGM企業の妨害を避けるために秘密裏に行われたこの実験では、モンサント社の「ラウンドアップ」を含んだ水や「ラウンドアップ」耐性GM作物を含んだ飼料で2年間ラットが飼育され、その観察結果が2012年9月に論文発表された。メスのラットには早期の腫瘍が、オスのラットには腎臓および肝臓に障害が確認された。GM作物そのものに毒性が認められる極めて高い可能性が示され、多くの科学者を驚かせた。この結果に対して、種子企業の影響下にあるマスコミや科学者は非難を浴びせたが、フランス政府はGM作物の再評価を要求、リスク分析に取り組む考えがあることを表明した。

この他、ヴァンダナ自身を主人公にした『Bull Shit』（日本未公開）では、モンサント社を相手に堂々とわたり合うヴァンダナの姿が描かれている。

## 種の知的所有

本DVDの中で、ヴァンダナは種子の知的所有が世界にもたらす脅威についても述べている。その背景を見てみよう。

1990年代に、「有形ではない無形の財産―思索による成果や業績を認め、その表現や技術などの功績と権益」を保証するためのいわゆる「知的財産権」が拡張解釈された。中でも、世界貿易機関（WTO）が定めた「知的所有権の貿易関連の側面に関する協定」（TRIPs協定）では、遺伝子操作が可能な種子・植物はすべて特許の対象となり、その技術を所有する多国籍企業の種の知的所有権が認められ、種の独占支配が一挙に進むことになった。

　知的所有が認められた遺伝子組み換え作物の種子を使用する農家には、ライセンスによって自家採種の禁止、特定の除草剤の使用などが義務づけられる。また、ある農作物の中に、遺伝子組み換え種子の遺伝子が交雑などで紛れ込んだ場合でも、所有権侵害として企業が訴訟を起こすことができる。その代表的な例が「シュマイザー事件」である。

● 「シュマイザー事件」とは

　1998年、カナダ・モンサント社はパーシー・シュマイザーの農場でラウンドアップ耐性ナタネが無許可で栽培されていると、「特許権侵害」で訴訟を起こした。シュマイザーは長年有機農法でナタネを栽培する農家だった。彼はラウンドアップ耐性種子を購入したことも蒔いたこともなく、これは交雑による「遺伝子汚染」であると主張したが、カナダの最高裁はモンサント社に対する特許権侵害を認め、シュマイザーは敗訴した。ただ、この特許権の使用から得た利益がないことも同時に認められ、モンサント社が求めていた20万ドルの技術使用料の支払いは免除された。しかし、その後も特許権の侵害を理由とする訴訟は続き、訴訟そのものが種子企業にとってのビジネスとなるに至っている。

### 日本の遺伝子組み換え食品

　日本には飼料や加工食品の原料として、トウモロコシ、大豆、ナタネ、コットンが大量に輸入されているが、その多くが遺伝子組み換え作物であると推定される。遺伝子組み換え作物は食肉工場で大量に飼育される家畜の餌として、また、食用油、調味料、食品添加物、合成甘味料、着色料、酸化防止剤などの原料として加工食品に使用されている。遺伝子組み換え食品は表示が義務付けられており、豆腐や納豆などがそれに該当する。しかし、食用油や醤油などは製造過程で遺伝子が検出できないとして、また、加工食品の主な原材料（全原材料に占める重量の割合が上位3位までのもので、

かつ原材料に占める重量の割合が5％以上のもの）にあたらない場合は表示義務がない。

　GM食品を避けるためにできることは、今のところ、大量生産される保存料や添加物の入った加工食品は買わない、近くで安全に栽培されている作物で料理する、そして、自分で作物を自然栽培することくらい。国民的な、そして国際的な運動によってGM作物を禁止し、GM食品を市場から追放することなしに問題の根本的な解決はない。

大量生産される身近な食べものに遺伝子組み換え（GM）作物が!?

食肉や乳製品に使われる家畜の飼料の多くがGM作物の可能性あり。

パン・菓子・インスタント食品の原料や添加物にもGM作物が使われている？

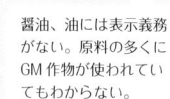

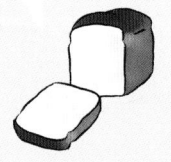

醤油、油には表示義務がない。原料の多くにGM作物が使われていてもわからない。

🌸 引用・参考文献／情報
- 『遺伝子組み換え食品の真実』アンディ・リーズ著、白井和宏訳（白水社 2013）
- 『遺伝子組み換え食品入門』天笠啓祐著（緑風出版 2013）
- 『なぜ遺伝子組み換え作物に反対なのか』ジャック・テスタール著、林昌宏訳（緑風出版 2013）
- 『自殺する種子―アグロバイオ企業が食を支配する』安田節子著（平凡社新書 2009）
- 『いでんし くみかえ さくもつ のない せいかつ』手島奈緒著、竹林美幸編（雷鳥社 2013）
- 『婦人之友 2014年02月号』（婦人之友社 2014）※遺伝子組み換え食品を知ろう
- 厚生労働省医薬食品局食品安全部　遺伝子組換え食品Q＆A
  http://www.mhlw.go.jp/topics/idenshi/qa/qa.html
- 「遺伝子組換え作物をめぐる状況」（国立国会図書館 ISSUE BRIEF NUMBER 686）
  http://www.ndl.go.jp/jp/data/publication/issue/pdf/0686.pdf

🌸 関連情報
- 映画『モンサントの不自然な食べもの』(2008)　http://www.uplink.co.jp/monsanto/
- 映画『世界が食べられなくなる日』(2012)　http://www.uplink.co.jp/sekatabe/
- ジル＝エリック・セラリーニ研究室　GMO Seralini（英語）http://www.gmoseralini.org/en/
- 遺伝子組換え食品いらない！キャンペーン http://gmo-iranai.lolipop.jp/
- 日本有機農業研究会 遺伝子組み換え関連：『土と健康』記事
  http://www.joaa.net/gmo/index-kizi.html

**SCENE 9　ナヴダーニャ農場案内Ⅳ**

　先住民の人たちが壁に絵を描いてくれたの。農場の建物の壁はすべてセメントではなく牛糞でできています。伝統的な素材である牛糞は防腐性もあるのよ。だからインドでは昔から牛糞を使ってきたのね。この絵が私のお気に入り。生命とコミュニティの循環を描いている。

　あ、そうそう。牛糞の壁のもうひとつの長所は断熱性。外が暑い時は涼しく、外が寒い時は暖かい。

　これこそがフリー・エコノミー。自然の恵みによるお金のかからない経済よ。動物たちがこうして繁殖すれば、次々と新しい世代が続いていく。でも人間が動物の生殖をコントロールするから、世代ごとに買わなければならなくなる。

　牛の尿をここに集めるの。漉してから灌漑用水に加える。成長ホルモンや虫除けにもなる、化学肥料いらずの万能肥料。これが本当の豊かさというものよ。

　辻：あなたにとって牛とは何？

牛とはインドの世界観によれば宇宙そのもの。牛の中には私たちがずっと生きていくために必要なものがすべて揃っているから。栄養たっぷりのミルク、そして牛糞。それさえあれば、大地は肥沃であり続ける。

　お金がないので他の燃料を使えなかったガンジス平原の女性たちは、大昔から、藁と混ぜて乾燥させた牛糞を燃料にしてきた。それこそ今でいう再生可能エネルギー。牛糞はバイオガスとして使える。でも村の女性たちは昔ながらのスローな燃料が好き。火をつけたまま畑に行き、戻ってくるとちょうど料理ができている。ガスの場合、焦げないようにそこで見てないとね。

　人々は牛糞から石鹸も作るのです。浄化作用があるのでとてもいいの。GMOに毒されていない餌で育てた牛の糞は天然の良薬。牛は今も重要なエネルギー源。牛さえいれば石油は不要。石油戦争も気候変動もなくなる。この美しい生き物に、すべての環境問題の答えがある。

　その牛が私たちに頼むのは、ただ世話をすること、食べ物を分かち合うこと。有機農業を進めるうちに、いかに牛が重要かを思い知らされた。インドで牛が神聖なのは迷信ではなく、エコロジカルな知恵だったの。

**SCENE 10　ナヴダーニャ農場インタビューⅡ**

遺伝子組み換えとグローバリゼーション

　食や農におけるGMOは、自由貿易やグローバリゼーションの産物です。自由貿易とは、国境の壁や環境、倫理、社会などの規制を取り払って、大企業が欲しいものを手に入れ、売りたいものを売る自由を意味します。GMOを知的財産とすることによって、グローバル企業は種子の独占を図ったのです。そうなれば農民が種子を保存することさえ犯罪になります。

　NAFTA（北米自由貿易協定）（＊）、米印2国間協定、TPP（環太平洋経済連携協定）…、これらの国際協定はすべて市場の拡大と民主主義の縮小を意味しています。自由貿易の別名は規制緩和です。貿易の規制が緩和されると、何を輸入し輸出するかを国民が決められなくなる。それに代わって大企業が決めるのです。

　日本は米や牛肉の輸入を拒むことができなくなるでしょう。自由貿易は、民主主義を押し流し、「NO」と言う権利を人々から取り上げます。GMOと自由貿易とは双子のようなものなのです。

　私たちが目指すのは、GMOのない農業であり、食糧供給システ

ムです。自分が望むものを作る自由です。毒性遺伝子や農薬漬けの食品を拒否し、暮らしやコミュニティを守りましょう。

> グローバリゼーションは民主主義を破壊する
> Globalization destroys democracy.

＊NAFTA（北米自由貿易協定：North American Free Trade Agreement）
アメリカ、カナダ、メキシコの3カ国間で結ばれた経済協定。強い反対を押し切り1994年に発効。これにより、ヨーロッパ経済地域に次ぐ世界第2位の自由貿易地域が形成された。関税の引き下げ、金融・投資の自由化、知的所有権の保護などが取り決められ、貿易障壁を取り除き、円滑な取引を行うために締結された。この協定の第11章には投資家対国家の紛争解決の義務が盛り込まれ、企業に対して規制が不都合に働いたとき、企業または個人が賠償のために提訴することを許可、または補償する条項が含まれている（以下ISD条項参照）。当時のクリントン政権はこれに強硬に反対したが、いつの間にか協定の中に入れられたと噂される。

## TPPとISD条項

　ヴァンダナはDVDの中で経済のグローバル化を厳しく批判しながら、こう言っている。「NAFTA、米印2国間協定、TPP…、これらの国際協定はすべて市場の拡大と民主主義の縮小を意味しています」
　特に日本が当事国であるTPPについて見てみよう。それは、環太平洋地域の国々による、貿易自由化推進のための新しい経済協定のこと。2014年現在、アメリカ、シンガポール、ニュージーランド、ブルネイ、チリ、オーストラリア、ペルー、マレーシア、ベトナム、メキシコ、カナダ、そして日本の12ヶ国が交渉に参加している。
　TPPが主な目的として掲げるのは、「物品の輸出入にかかる例外なき関

税の撤廃」と「食品の安全性、医療、雇用、投資、知的財産権、サービス全般に渡るルールや仕組みの統一」。日本ではTPPが大きな経済効果を生み出すとして、経済界の強い要望のもとに政府が参加を決めたが、一方に根強い反対論があり、また参加各国の思惑が衝突して交渉も思うように進まない。どこでも基本的な構図は同様だ。大企業が政府を後押ししてTPPやそれに類する自由貿易協定を推進する一方で、各国でこの動きに対する批判が高まり、広範な反対運動が広がっている。農業──特に中小の農家──への打撃は極めて深刻なものとなるだろう。その他、食品安全基準の緩和と健康への悪影響、医療の質の低下、保険制度の骨抜き化、環境規制の緩和と環境問題の悪化など、市民の暮らしへの多大な影響が懸念される。TPPはGM企業にとっても、日本のような巨大市場に大手を振って進出する絶好の機会である。

　自由貿易の別名は規制緩和であり、規制緩和の別名は大企業のグローバル市場における権益拡大だ。その意味で、TPPは単なる経済問題ではなく、民主主義の根幹を揺るがすような重大な脅威なのである。

　このことは、TPPに含まれるISD条項を見れば明らかだ。ISD条項とは、企業の海外進出を保護するため、進出先の国の政策や規制によって企業が損害や不利益を被ったと判断される場合に、世界銀行傘下の国際投資紛争解決センターに提訴し、その国を訴えることができるという制度である。実際にISD条項に基づいて企業が他国を訴えた判例は多く、その多くで企業が勝訴している。国民の安全を守るために民主的に設けられた規制や法律であっても、海外企業に不利益だと判断されれば、政府や自治体は法外な賠償金を請求され、法律改正を迫られさえする。

　国民の暮らしや民主主義よりも企業や投資家の利益を優先する制度TPP──果たしてヴァンダナが言うように、日本国民はこれを押し返せるのだろうか。

✦ 参考・関連情報
TPPから日本の食と暮らし・いのちを守るネットワーク　http://www.think-tpp.jp/

**SCENE 11　ナヴダーニャ農場インタビューⅢ**

「生きる歓び」とは？

*辻：あなたの言う「生きる歓び」とは？*

　今朝、サティシュが授業を始める時、祈りましたね。生きとし生けるものに幸せを、歓びを、不幸や病苦から自由でありますように。これは歓びと幸せを願う人類共通の祈りです。
　生きる歓びとは、生きるアートです。そもそも生命の本質は歓びなのです。生命の欠如が不幸を、病苦を、そして貧困を生むのです。これまでは成長こそが貧困や病気の解決策だと言われてきた。雇用問題も環境問題も経済成長が解決すると。でもそれは生きるアートではなく、アリストテレスの言う「金儲けの技術」（＊）にすぎない。
　二つの「貧しさ」を区別する必要がある。一つは、生きる歓びを奪われた惨めな人生。もう一つは「サリーを２枚しかもっていない」という外からの物差しによる「貧しさ」。私が２枚で十分と思っているのに、どうしてそれ以上のサリーが必要なのでしょう。
　２エーカーの土地を持つ農民は貧しいとされる。その土地で自分

の家族ばかりか他の人をも養えるのに。世界の食糧の80％を供給しているのは、巨大農場ではなくこのような小規模農家なのです。しかし「貧困」や「成長」という外から押しつけられた考えが生きる歓びを奪う。美しい畑にいる歓び、静けさと新鮮な空気の中にいる歓び。コミュニティを、友人を持つ歓び…、これらの歓びこそが私たちの生きがいです。でも「そんなささいなことは諦めて、成長を追いかけろ」と言われてきた。競争に負ければ失業者、自己責任を問われ、自殺に追い込まれる。

　いいえ、私たちは生きる歓びに満ちた人生を創造しましょう。その生きる歓びの源は、大地、豊かな土壌、コミュニティ。自分たちでものを作る能力。そしてガンディーの自立の思想。大企業なんかいらない。巨大銀行も必要ない。ましてや有毒な種や食物なんて。

　決して諦めてはいけません。経済システムは私たちを見捨てるかもしれない。しかし、地球は私たちを見捨てません。だから自分自身を見捨ててはいけない。誰もが、小さな草や虫、この世の最後の人間でさえ、生きる意味をもっている。その意味を見出すのが、生きる歓び。

・・・・・・・・・・・・・・・・・・・・・・・・・・・・・・・・・・・・・・・・・・・・・・・・・

＊アリストテレスの「金儲けの技術」
　古代ギリシアの哲学者であるアリストテレス（BC384年～BC322年）は、人間の経済活動を2種類に分類した。一つを「オイコノミア（oikonomia）」と呼び、家計を管理する家政術とした。もう一つを「クレマティスティケ（chrematistiké）」とし、生活の必要以上に金儲けをする利殖術と厳しく否定した。「oikonomia」はギリシア語で「家」を意味する「oikos」と「法律・法則」を意味する「nomos」の造語で、「economy」（経済）の語源である。

・・・・・・・・・・・・・・・・・・・・・・・・・・・・・・・・・・・・・・・・・・・・・・・・・

**SCENE 12　ナヴダーニャ農場インタビューⅣ**

コモンズ と 分かち合いの経済

　私たちの未来は「コモンズ」にこそあります。コモンズとは大地、種子、空気、生物多様性、知識や技術といった共有財産です。ますます多くの人々が主流社会から切り離され、貧困にあえいでいる。しかし、コモンズはその人々を迎え入れます。「共に分かち合おう」と。
　共同体の誰もが、ただで利用できるもの、それがコモンズです。私たちが生きるために必要なもの——、空気も、作物の種も、川も、みんなコモンズです。コモンズである川から水を飲むのにお金は要りません。
　ナヴダーニャ農場で農民たちは、コモンズとしての種を受け取ります。お金は要りません。借りた種を蒔き、収穫し、借りた分を返す。今年は麦、来年は米というように。これがコモンズです。こうしたやり取りによって私たちは、お金が要らない経済を作り出している。それは命を中心とする経済、万人のための経済。思いやりと、分かち合いと、愛の経済です。だって、愛に値段などつけられないでしょ。

## コモンズとは

　ヴァンダナが好んで使う「コモンズ」という言葉について見ておこう。それは、「共通の」を意味するコモン（common）から派生した言葉で、誰も所有しない土地、あるいは地域共同体やコミュニティが生活のために共同で使用してきた土地、さらに、その土地を管理・運営する慣習や制度や考え方のことを指す。牧草地や農地が共同で自治管理された近代以前のイギリスで生まれた言葉だが、これと同様の概念や制度はかつて世界各地に広く見られた。日本ではそれを入会（いりあい）と呼び、村落が

山林原野その他の土地＝入会地に対する入会権を共同体のメンバーに認め合い、管理していた。

イギリスでは近代化、工業化、都市化に伴い、領主たちが入り組んだ土地を垣根などで囲い込み（エンクロージャー）、土地を統合し、排他的に利用する私有地化を進め、コモンズはその規模を縮小していった。

イギリスの生物学者ギャレット・ハーディンは、「誰にでも使用できる共有地では、乱獲や競争が資源の枯渇を招き、荒廃が進む」と指摘した。これが「コモンズの悲劇」論として、その後大きな影響力をもち、コモンズから私有地への転換（現代日本で言う民営化）こそが歴史の必然であり、進化であるといった通念が広まった。しかし、ハーディン自身が後に自説を見直したように、多くの伝統社会における実際のコモンズは、共同体が自主的に定める明確な規則の下、人々の意思を民主的に反映しながら、土地とその資源を世代を越えて保持し、使用し、管理する持続可能なしくみとして機能していたことがわかっている。

日本語では、「公共」という言葉の中に、政府や行政を意味する「公」という言葉と、もともとコモンズを意味していたはずの「共」という言葉が、押し込まれている。そして、いつしか「共」（共同体）の意味は薄れ、「公共」は「公」だけを意味する言葉として使われるようになってしまったようだ。特に土地所有については、「公」と「私」（企業・個人）の二つに限定されるようになった。今や世界中で歯止めの効かない環境破壊は、まさに「公の悲劇」や「私の悲劇」とでも呼ぶべきものだ。

逆に、近年、「共（コモンズ）」が、経済至上主義と自然破壊に歯止めをかけ、持続可能な社会を取り戻すための有効な筋道として世界各地で評価され始めている。コモンズはまた、人々が分かち合い、支え合う、古くて新しいコミュニティのあり方を示すものとして、再び注目を集めているのだ。

✤ 参考・関連文献／情報
・『コモンズの地球史―グローバル化時代の共有論に向けて』秋道智彌著（岩波書店 2010）
・National Trust（英語）　http://www.nationaltrust.org.uk/
・映画『こつなぎ―山を巡る百年物語』(2009)　http://blog.livedoor.jp/kotsunagi/

**SCENE 13　ナヴダーニャのオーガニックカフェ前インタビューⅡ**

　私たちは貪欲を善とする浅はかな時代に生きてきたのね。


効率性という幻想

　*辻：効率性について、よくあなたは「効率性という幻想」という言い方をしますね。*

　効率性は機械と共に登場した概念です。でも、人間は機械じゃない。生態系も機械ではない。農耕という営みも機械ではない。植物もまた機械ではありません。だから効率性という概念を生物にあてはめるのは、間違っているばかりか、とても破壊的なことなの。

　効率性の名の下に、1の食料を生産するのに 10 のエネルギーを投下する現代農業。これこそ効率性という名ばかりの非効率なシステムです。同様に効率化競争の結果、多くの人間が大企業によってリストラされる。この仕組みの中では、人間は使い捨て可能。その末路は自殺。これのどこが効率的なの。大量殺戮じゃない。

だから私は「効率性という幻想」と言うのです。相互に連関した生命システムに「効率」をもち込めば大きな犠牲がでる。それをシステムは隠そうとする。お金のために本当に価値あるものを壊してしまう。命を壊せば壊すほどお金が儲かるのです。森林を伐り倒し、川を汚し、大地を砂漠化し、種子から再生能力を奪う。昔からの地域の福祉は破壊され、老人や子どもは居場所を失っています。効率の名の下に、創造性が、文化が、人間性が壊されている。人間をまるで原料のように機械に放り込めば、何かが生産できるとでもいうように。

　でも、それぞれの人間の生には深い意味がある。この意味を求めるのが人生の目的であり、生きる歓びです。万物の本質は潜在性にある。子どもは意味深い最良の人生を生きる可能性をもって育つ。

　種子はあまりに小さく、生きていないように見えます。でもよい季節に適度に湿った地面に蒔けば、陽を浴びて、見事な植物へと成長し、何千という種子を私たちに与えてくれる。これこそ種子が潜在的に持つ可能性の開示です。これが「生きる」ということです。

**SCENE 14　ナヴダーニャのオーガニックカフェ前インタビューIII**

グローバルから、ローカルへ

　グローバリゼーションとは経済学的には、通商のグローバリゼーションのこと。悲しいことに、このグローバリゼーションは偏狭なナショナリズムと裏表の関係にあります。何でそんなことになるのか？　通商のグローバル化に伴って、二つの変化が起こります。一つ目は政治的変化です。私たちを代表するはずの議員が、人民の、人民による、人民のための民主主義が、企業の、企業による、企業のためのものになっていく。通商のグローバリゼーションとは企業による支配のことだから、企業による支配がその利害に沿うものへと民主主義を変質させる。アグリビジネスや原発産業のロビーが政治を動かし始める。大企業のための国際化──、それがグローバリゼーションの実態です。
　世界中を商品が流れ、コンテナが忙しく動き回る。その一方で人々の意識は収縮してゆく。これじゃ逆さまよ。必要なのは私たちの意識の拡張。私が「アース・デモクラシー」と呼ぶ地球的意識です。
　宇宙、地球、人類など巨大なものの一部としての自分を意識する

ことです。そして逆に、環境負荷を小さくするために、経済をローカル化していくのです。

二つ目に、地球を破壊するほどの環境の変化です。つまり生命基盤そのものが破壊されている。そして生きることがこんなにも難しくなってしまった。でも、地域に根ざしている人は自分が何者かを知っている。そして誰を愛し、何のおかげで生きているかを。

一方、グローバル化論の権威、サミュエル・ハンティントン氏（＊）によれば、「人を憎むことによって自分が何者かを知る」。これは「聖戦」の論理であり、経済のグローバル化の論理でもあります。

それに対して、ローカリゼーションとは、経済、民主主義、文化を甦らせるための新しい道です。複雑に絡み合う現代世界のローカル経済は、他地域の人への深い理解と連帯意識の上に作られる。ローカルとは自分が属する場所。どこであろうとそれは命の場所。多様な人間が、多様な動植物が生きている場所。ローカル経済には、大工さんが必要。床屋さんも学校の先生も服を作る人も必要ね。つまりローカルの本質は多様な者たちの間のつながりなのです。

> ローカリゼーションは人間性の拡張
> Localization is expansion of humanity.

・・・・・・・・・・・・・・・・・・・・・・・・・・・・・・・・・・・・・・・・・

＊サミュエル・フィリップス・ハンティントン（Samuel Phillips Huntington/1927年〜2008年）著書『文明の衝突』（文明の衝突と世界秩序の再創造：The Clash of Civilizations and The Remaking of World Order）で知られるアメリカの国際政治学者。ハーバード大学政治学教授。「冷戦後の現代世界では、文明と文明との衝突が対立の主要な軸である」と述べた。

・・・・・・・・・・・・・・・・・・・・・・・・・・・・・・・・・・・・・・・・・

## グローバリゼーションとローカリゼーション

ヴァンダナは『アース・デモクラシー——地球と生命の多様性に根ざした民主主義』の中で、グローバリゼーションについて次のように書いている。ここでヴァンダナは、「グローバル化は人間の意識を拡張する」のではなく、逆に「縮小を意味する」というDVDの中の言葉をより詳しく説明しているので注目してほしい。日本政府がよく使う「開国か、さもなくば鎖国」といった二者択一のレトリックが、いかに皮相なものか、わかっていただけると思う。

「企業や資本は企業グローバリゼーションと自由貿易規則のおかげで、市民による社会的規制、政府による政治的規則を免れています。商取引に対する規制がどんどん解除されていっているために、私たちの日常生活にかんすることまでが、企業グローバリゼーションによって決定されています。それは、WTO（世界貿易機関）、IMF（国際通貨基金）、世界銀行、ウォール街、企業の役員会議などに対して民主主義の影響力が及ばないからなのです。つまり経済における民主主義は事実上、死んでいるのです。

企業グローバリゼーションは企業の利益と財政上の成長を追及する中で、国の経済や地域（ローカル）の経済を破綻させ、国内経済によって生み出された生業や職を破壊してしまいます。このことによって生きるための保障が失われます。無保障状態が恐怖と排斥を生み出します。そして狭量な文化的アイデンティティと排斥のイデオロギーに基づく政治活動が出現する温床となるのです。このような状況になると、代議制民主主義はますます文化的ナショナリズムによって方向づけられ、突き動かされるようになります。文化的ナショナリズムと経済のグローバリゼーションは双子として生まれたのです。

市民は代議制民主主義のメカニズムをとおして、政府を交代させてはいるのです。しかしながら、企業の支配とグローバリゼーションが押し付ける規則のせいで、この交代は意味のないものになっているのです。なぜなら政権が交代しても、それはもはや経済政策の交代を意味しないように

なっているからです。どの党が政権をとるかということは関係ありません。…本当の支配者は企業なのです」

　また同じ本の中で、ヴァンダナはグローバリゼーションの問題点として、次の諸点をあげている。
　①グローバリゼーションとは、経済のグローバリゼーション、企業のグローバリゼーション、資本主義的家父長主義のグローバリゼーションである。
　②グローバリゼーションとは、究極の囲い込みである。
　③グローバリゼーションとは、生命を尊重するようなスローガンを唱えながら、大地のあらゆる恵み、人間のあらゆる創造の営みを所有し統制し、独占することを追及する者たちの哲学である。
　④グローバリゼーションは、民主主義の死を招く。

　一方、グローバリゼーションに替わる社会のあり方としての「ローカリゼーション」について、ヴァンダナは次の諸点を主な意義として挙げている。
　①ローカリゼーションとは、地域共同体が経済を再建する権利と責任と能力をもち、自ら持続性が得られるようにすること。
　②ローカリゼーションとは、個人から共同体へ、共同体から地方へ、地方から国へ、国からグローバルなレベルへと、順番に、内側から外側へと、持続可能で公正な、生命中心の経済が築かれること。
　③ローカリゼーションは地方分権によって支えられる。
　④ローカリゼーションは、自然と文化、人間と他の生き物、ローカルとグローバル、ミクロとマクロの相互依存関係に立脚する。
　⑤ローカリゼーションは、地域レベルでの民主主義の土台の上に築かれる。
　（『アース・デモクラシー――地球と生命の多様性に根ざした民主主義』山本規雄訳・明石書店による）

もう一つ、ローカリゼーションの国際的な運動のリーダーであるヘレナ・ノーバーグ=ホッジが、自ら制作したドキュメンタリー映画『幸せの経済学』の中で、「グローバリゼーション」「ローカリゼーション」について明快に整理してくれている。あわせて参考にしてほしい。

〈グローバリゼーションの定義〉
　①グローバリゼーションとは、企業と銀行がグローバルに活動することを可能にするための、貿易と金融の規制緩和。
　②超国家企業によって支配される世界単一市場の出現。
　　※このグローバリゼーションを国際的な協力関係が進展することや、相互依存や相互扶助、世界全体のコミュニティなどと混同してはならない。グローバリゼーションが引き起こしてきたもの。それは、競争と分裂、対立の増加。

〈グローバリゼーションの8つの不都合な真実〉
　①グローバリゼーションは人々を不幸にする。競争、ストレス、過労、精神的な病…。
　②グローバリゼーションは社会と人々の心を不安定にする。
　③グローバリゼーションは自然資源を浪費する。
　④グローバリゼーションは気候変動を加速させる。
　⑤グローバリゼーションは生活を破壊する。
　⑥グローバリゼーションは対立・紛争を生む。
　⑦グローバリゼーションは大企業へのばらまきである。
　⑧グローバリゼーションはGDPやGNPといったまやかしのものさしを使っている。それで本当の豊かさや幸せを測ることはできない。

〈ローカリゼーションの定義〉
　①巨大超国家企業や大手銀行に現在優先的に与えられている財政的補助や特権を取り除くこと。
　②輸出市場への依存を減らし、地産地消へと重点を移す。
　　※ただしこれは、孤立主義、排他的な保護主義、貿易の廃止などを

意味するものではない。ローカリゼーションは貿易自体を否定しない。資本主義の否定でもない。それは、「コーポレート資本主義」という、世界を滅亡に導く悪しき経済に歯止めをかけ、それに変わる「幸せの経済」を作り出すための土台となるものだ。
（映画『幸せの経済学』による　http://www.shiawaseno.net/）

✦ 関連文献

- 『いよいよローカルの時代―ヘレナさんの「幸せの経済学」』（ゆっくりノートブック）ヘレナ・ノーバーグ＝ホッジ＋辻信一著（大月書店 2009）
- 『増補改訂版　懐かしい未来 ラダックから学ぶ』ヘレナ・ノーバーグ＝ホッジ著、「懐かしい未来」翻訳委員会訳（懐かしい未来の本 2011）
- 『グローバル定常型社会―地球社会の理論のために』広井良典著（岩波書店 2009）
- 『グローバル経済が世界を破壊する』ジェリー・マンダー、エドワード・ゴールドスミス著、小南祐一郎、塚本しづ香訳（朝日新聞社 2000）
- 『新版 グローバリゼーション』（〈1冊でわかる〉シリーズ）マンフレッド .B. スティーガー著、櫻井公人、櫻井純理、高嶋正晴訳（岩波書店 2010）
- 『（株）貧困大国アメリカ』堤未果著（岩波新書 2013）
- 『金儲けがすべてでいいのか―グローバリズムの正体』ノーム・チョムスキー著、山崎淳訳（文藝春秋 2002）
- 『新版 ブランドなんか、いらない』ナオミ・クライン著、松島聖子訳（大月書店 2009）
- 『スローシティ 世界の均質化と闘うイタリアの小さな町』島村菜津著（光文社新書 2013）
- 『「里」という思想 』内山節著（新潮社 2005）

**SCENE 15　ナヴダーニャのオーガニックカフェ前インタビューⅣ**

アース・デモクラシー

「アース・デモクラシー」とは何か？　それは、人類の自由が脅かされる今、自由を再定義する言葉です。自由の意味を深めるだけでなく、拡げる必要がある。
　でもどうやって？　まず自分が、この地球上の全生命に依存していることを理解することです。酸素がなければ呼吸ができない。だから私たちには木が必要。木は私たち自身だと言ってもいい。太陽なしには私たちは生きられない。
　生物多様性も必要。私たちは皆、命の織物の一部なのだから。つまり、アース・デモクラシーとは地球上の全生命の民主主義を意味します。
　インドにはこんな美しい言葉があるの。
「Vasudhaiva kutumbakam」
　前の言葉は「地球」、次のは「家族」という意味。つまり、地球家族。この考え方と共に私たちは育ったの。
　アース・デモクラシーは地球全体に拡がるコミュニティのあり方

なのです。アース・デモクラシーとは本当の自由を理解すること。「生きる」とは「自由に生きる」ことに他ならない。

「パンか自由か」ではない。「自由のパン」を私たちは食べる。自分でパンを作る自由、自分の種をもつ自由。"あれかこれか"ではないんです。

アース・デモクラシーはローカルであると同時に地球的な生き方です。反自然、反生命、そして使い捨て文化の時代に、私たちは希望を紡ぎ直すのです。

残された道は、一人ひとりが互いに思いやり、分かち合う役割を引き受けること。それを通じて新しい意味や可能性や能力へと互いを高め合うのです。

ガンディーは毎日美しい祈りを捧げました。「もっと女性らしくなりますように」と。慈愛の力をもっと深めたかったのでしょう。男も女も私たちは、互いのため、地球のために、内なる母性を伸ばすことができます。

そうすれば気づくでしょう。母の中の母、それは大地だと。その母を敬うことなしに、未来はありえません。「すべては人間のため」という人間中心主義から、地球中心主義へと移行する時です。私たちにすべてを与えてくれているのは地球なのだから。

## アース・デモクラシー

アース・デモクラシー（大地の民主主義）は、ヴァンダナのエコロジー思想のエッセンスを表わす重要なキーワードだ。彼女の代表作とも言える著書『アース・デモクラシー——地球と生命の多様性に根ざした民主主義』の冒頭で、ヴァンダナはこの言葉について次のように言っている。

「アース・デモクラシーは、古くからある世界観であると同時に、新し

く現れた政治運動でもあります。平和と公正、そして持続可能性を求める政治運動です。アース・デモクラシーは、特殊なものと普遍的なものを、多様なものと共通のものを、地域的（ローカル）なものと地球規模（グローバル）のものを結び付けます。…」

そして、シアトルという名の北米先住民の長老が遺した言葉を引きながら、こう続ける。

「われわれは知っている。この大地は人間のものではない。人間が、大地のものであるということを。われわれは知っている。血が家族を一つにするように、あらゆるものが結び付けられていることを。すべてはつながっているのだ。…アース・デモクラシーとは、この"つながり"に気づくことであり、そこから生まれる権利と責任に気づくことです」

最後に、同じ本に掲げられた「アース・デモクラシーの原則」10項目を紹介しよう。

アース・デモクラシーの原則
　①あらゆる生物種、民族、文化はそれぞれ固有の価値を持っている。
　②大地の共同体は、あらゆる生命にとって民主的である。
　③自然および文化における多様性が保護されなければならない。
　④あらゆる生き物は、生命を持続させる権利を自然権として備えている。
　⑤アース・デモクラシーは、生命中心の経済および経済における民主
　　主義に基礎を置く。
　⑥生命中心の経済は、ローカルな経済を基盤として構築される。
　⑦アース・デモクラシーは、生命中心の民主主義である。
　⑧アース・デモクラシーは、生命中心の文化に基礎を置く。
　⑨生命中心の文化は、生命を育む。
　⑩アース・デモクラシーは、平和と配慮と共感をグローバル化する。
　　（『アース・デモクラシー――地球と生命の多様性に根ざした民主主義』
　　山本規雄訳・明石書店による）

# ポスト3・11時代のためのヴァンダナ・シヴァ

辻　信一

　ヴァンダナ・シヴァという人物の存在そのものが、現代史の最重要事件の一つだとぼくは思っている。念願かなって、そのヴァンダナをこうしてDVDシリーズ「アジアの叡智」に迎えることができた。彼女はここで、刻々と進行する危機の時代がぼくたちに突きつけている一連の深い問いに、明快な答えを出してくれている。

＊　　　　＊　　　　＊

　ぼくたち日本人はあの3・11東日本大震災とそれに続く福島原発事故で、人類が生存していくために、これだけは最低限必要だという条件——英語で言う〝ボトムライン〟——は何か、という問いをつきつけられたはずだ。そしてその答えは、幼い子どもをもつ親たちが震災後に抱いた祈りのような願いの中に表現されていたのだと思う。

　「神さま、もう贅沢は言いません。どうかこの子に、汚れていないきれいな空気と水と食べものを与えてください」

　〝ボトムライン〟とは何よりもまずこの空気や水や食べもの。それらを求めて、多くの人々が放射能汚染地域からより安全な場所へと避難した。その一方で、高線量地域にいまだに幼い子どもたちを含む多くの人々が暮らし続けている。

"想定外"というそらぞらしい言葉が飛びかった。"外部性"という好都合な言葉をもつ現代経済学の専門家たちも、水や空気や土や太陽エネルギーや生物多様性といった生物の生存に欠かせない"ボトムライン"を、そっくり"想定外"に置いていいことにしている。

　今もなお流出し続ける大量の高濃度放射能汚染水も経済の指標には全く影響を与えない。置き場所もない放射性廃棄物を大量に抱えながら、その上にあれほどの事故を起こしながら、東京電力とそれを支える政財界は、いまだに、経済成長とグローバル競争のためには原発推進しかありえないと主張し続ける。

　水が汚染されて、ペットボトルの水が売れ、空気が汚れれば空気清浄機が売れる。それは経済にとってはいいニュースなのだ。

　この国ばかりではない。世界中で、経済と政治を牛耳る人々にとっての"ボトムライン"は、お金だ。彼らにとって自然も人間も資源にしかすぎず、お金という富を増やすための材料や道具にすぎない。

だから、日本の政財界のように、農・林・水産といった分野を、GDP の数字の上では取るに足らないものとして切り捨て、TPP などを通じて、グローバル企業のための規制緩和と独占を推進しようとする。花咲かせ実をつける木ではなく、"金のなる木"に群がるのだ。

＊　　　　＊　　　　＊

　アメリカ先住民の長老からこんな言葉が伝えられている。「人間が最後の木を伐る時、最後の川を汚す時、最後の魚を食べる時、人間はやっと気づくだろう、お金は食べられないということに」
　この予言のような言葉が、ますます現実味を帯びる危機の時代にぼくたちは生きている。そしてそれは、人類がこの窮地を脱するための道を照らし出すヴァンダナ・シヴァの言葉が、ますます輝きを増す時代でもある。
　ヴァンダナは、今世界に起こりつつある価値の大転換──お金を中心とする世界観から、いのちを中心とする世界観へ──を代表する思想家だ。科学者として、活動家として、世界市場の制覇へとつき進むグローバル大企業にとっての、最も手ごわい宿敵。そして、かつては分断支配されていた世界中の被抑圧者たちを結びつけ、「もう一つの世界」へと導く指導者でもある。
　この深まりゆく危機の時代に、ヴァンダナ・シヴァの言葉ほどぼくの耳に頼もしく響くものはない。来るべき時代の創り手となる方々がその言葉にじっと耳を傾けてくれますように。

2014 年春

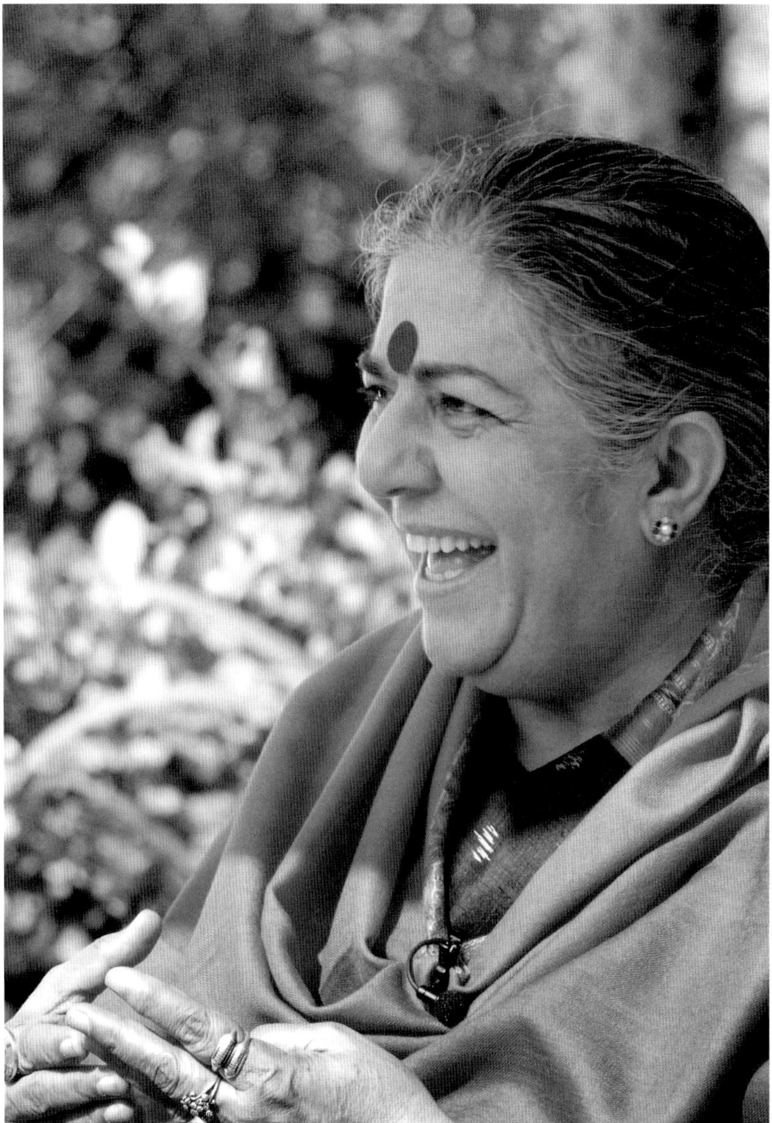

ヴァンダナ・シヴァ（Vandana Shiva）www.navdanya.org/
環境活動家、科学哲学博士。有機農業や種子の保存を提唱し、森林や水、遺伝子組み換え技術などに関する環境問題、社会問題の研究と実践活動に携わる。有機農法の研究と実践、普及のための拠点として、NPO「ナヴダーニャ（9つの種）」を設立。これまでに300を超える専門的論文を発表し、多数の本を著者・共著者として出版。それぞれ多くの言語に翻訳されている。「ライト・ライブリーフッド賞」など受賞多数。＊詳しくは5頁を参照。

辻信一（つじ・しんいち）　www.sloth.gr.jp/tsuji/　yukkuri-web.com/tsuji
文化人類学者。環境活動家。明治学院大学国際学部教員。ナマケモノ倶楽部世話人。スロー・スモール・スクール（ゆっくり小学校）校長。「スローライフ」「GNH」「キャンドルナイト」などをキーワードに環境＝文化運動を展開、環境共生型の「スロー・ビジネス」にも取り組んできた。著書に『スロー・イズ・ビューティフル 遅さとしての文化』（平凡社）、『ナマケモノ教授のぶらぶら人類学』（SOKEIパブリッシング）、『英国シューマッハー校 サティシュ先生の最高の人生をつくる授業』（講談社）、『弱虫でいいんだよ』（筑摩書房）などがある。

## ヴァンダナ・シヴァの
## いのちの種を抱きしめて　with　辻　信一

2016年3月1日　第2刷発行

| | |
|---|---|
| 企画・製作 | ナマケモノ倶楽部　www.sloth.gr.jp |
| 発行人 | 上野宗則 |
| 発行所 | 株式会社素敬　SOKEIパブリッシング　yukkuri-web.com |
| | 〒751-0816 山口県下関市椋野町2-11-20 |
| | TEL083-232-1226　FAX083-232-1393　info@yukkuri-web.com |
| テキスト・構成 | 辻信一　上野宗則＋素敬 |
| 写真 | 本田茂　辻信一　馬場直子 |
| 装画 | 平山みな美　久松奈津美 |
| 装丁・デザイン | 上野宗則＋素敬 |
| 印刷・製本 | 瞬報社写真印刷株式会社 |

◎ PEFC森林認証紙等のエコロジーペーパーを使用しています。
ⓒ The Sloth Club 2014
ISBN978-4-9905667-2-2 C0045　Printed in Japan